图书在版编目（CIP）数据

路边的野花 /（韩）李永得著；（韩）朴信映绘；
王伟锋译. -- 2 版. -- 北京：中信出版社，2020.4（2025.5 重印）
（我家门外的自然课）
ISBN 978-7-5217-1594-1

Ⅰ . ①路… Ⅱ . ① 李… ②朴… ③王… Ⅲ . ①野生植
物－花卉－少儿读物 Ⅳ . ① Q949.4-49

中国版本图书馆 CIP 数据核字（2020）第 029217 号

My Favorite Flowering Plant 내가 좋아하는 풀꽃
Copyright © Lee Youngdeuk（李永得）/ Park Shinyoung（朴信映），2008
All rights reserved.
This Simplified Chinese edition was published by CITIC PRESS CORPORATION 2020
by arrangement with Woongjin Think Big Co., Ltd., KOREA through Eric Yang Agency Inc.
本书仅限中国大陆地区发行销售

路边的野花
（我家门外的自然课）

著　者：［韩］李永得
绘　者：［韩］朴信映
译　者：王伟锋
出版发行：中信出版集团股份有限公司
　　　　　（北京市朝阳区东三环北路 27 号嘉铭中心　邮编 100020）
承 印 者：北京盛通印刷股份有限公司

开　本：889mm×1194mm　1/16　　印　张：3.75　　字　数：62千字
版　次：2020年4月第2版　　　　　印　次：2025年5月第13次印刷
京权图字：01-2012-7969
书　号：ISBN 978-7-5217-1594-1
定　价：108.00元（全4册）

我家门外的自然课

路边的野花

[韩] 李永得 著　[韩]朴信映 绘　王伟锋 译

中信出版集团 | 北京

凡例

1. 本书收录了 51 种野花。
   每种野花的图注都记录了观察、描绘野花的日期。
2. 本书目录依照植物分类排序，分类参考《大韩植物图鉴》一书。

月见草 35　　　　　　萝藦 36　　　　　　旋花 37

附地菜 38　　　　　　夏枯草 39　　　　　　龙葵 40

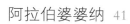

阿拉伯婆婆纳 41　　　　车前 42　　　　蓟 43　　　　紫菀 44

导读

只有补习班和游乐场，
不是真实世界的全貌啊

2020 年的开局，也许在若干年后大家都不会忘记，这些日子，不快乐的朋友很多。

不快乐的因素很多，我觉得其中一个很重要的因素是，一直带着担心无法出门的我们，失去了与自然的联结，也失去了一整个春天。

孩子们生活在都市其实已经很不容易了。在林子里，砌砖瓦、爬树、做木工、刨坑烤玉米土豆，入夜生起篝火唱歌跳舞；在炎热夏季，把西瓜放在山泉里，骑车穿过森林后切开痛快吃一口，在麦子边的凉席上睡到自然醒……这些感受都消失了。

但这个病毒危机也不是全然的坏，它让追求名利的我们被迫停下来，在很多压力面前思考形而上的问题，有一点点觉知的人都会意识到——"人

类不伟大，个体也只是自然界长出来的一把土壤。"

在最想念大自然的日子，让我们讲一讲接触大自然对孩子多重要吧。

亲近自然，孩子天然的想象力会得到保护。

一个朋友的孩子 6 岁，沉迷于 iPad 和电视机，父母怎么劝说都不愿意出门玩，究其原因，父母太忙，隔代人年迈，孩子从小就是宅男。

我觉得很可惜，所有孩子对自然都有天然的好奇心，潺潺流水、婉转鸟鸣、五彩花朵，都将带给他美的遐想和愉悦。

台湾作家蒋勋客座武汉大学教授的时候，让所有大学生到校园的樱花树下听讲美育——"所有的文字都比不上看到一朵花慢慢开放的感动，大自然才是艺术课的天然课堂。"

亲近自然，孩子的观察能力会大大加强。在分辨花与花的细微不同的过程中，他的观察能力明显提高了。

亲近自然，孩子的身体会更健康。在风吹日晒中，孩子的身体经受自然的考验，也接受自然的能量。我们常说，养得粗一点儿，接地气的孩子更好带，因为自然让孩子有自我调整的能力。

亲近自然，孩子会变得更有毅力。在大自然中疯玩和疯跑的过程是无

意识地让孩子体验疲累感，让孩子变得更坚韧、更有毅力。葫芦出国玩从不坐婴儿车，跟我们一样，除了乘公共交通就是走路，这就是我们每周带他去爬山培养出来的毅力。

亲近自然，孩子的社交能力会得到提升。在郊外，我们总能遇到很多跟我们一样的家庭，不像早教课的拘谨和目的性强，孩子们很快就会打成一片。玩花草游戏、拔狗尾巴草、捉小虫子，哪一项不需要合作？谦让精神和团队意识由此而来。

这也是心理学家李子勋曾说过的"上100堂早教课，不如带孩子在大自然中走一天"。

不畏困境、拥抱自然的勇气，是从小生活在钢筋水泥丛林中的孩子匮乏的财富。

这些原因都很实际、实用，但我带着孩子亲近自然，最本质的原因是——在我看来，每天只有补习课、兴趣班甚至游乐场的世界，不是真实世界的全貌。

地球表面29%是陆地，71%是海洋，海洋深处有很多未解开的谜，而在广袤丛林的深处，也藏着许多美妙而刺激的冒险体验。

我很喜欢的儿童亲子阅读推广人粲然说过一句话："就连我们自己，都是远离自然、困守在都市中的一代了。森林、田野、河流和山川也已远离我们，我们又如何将它们流传到孩子身上？只有和孩子携手走回去，与大自然重逢这条路可以走了。"

而带着葫芦去户外，也是为了我自己。日本电影《小森林》讲述了一个女孩在乡下久久等待失踪的妈妈回来的故事，影片中春夏秋冬缓缓走过，自然治愈人们的心灵，这种治愈，其他的东西绝对代替不了。

它把我们的频率都调整好了，我们重新苏醒，带着平静上路。

对这个世界而言，孩子初来乍到，父母是这个世界的使用说明书。带着他亲近自然吧，一个人童年时候，内心装下的世界有多大，未来成长的空间就有多大。

成长，其实是一个内心世界不断变小的过程，这很令人遗憾，但是事实。

春光甚好却不长，生命中所有最美好的东西都是转瞬即逝的，望珍惜，莫辜负。

趁着现在还来得及，走吧，带着孩子走出去。

周桂伊

（公号"伊姐看电影"创始人，《认知差》作者）

狗尾草

Green bristlegrass

别称：稗子草、狗尾巴草
种类：禾本科一年生草本植物
花期：夏季会悬挂草绿色的穗
高度：40 ~ 70 厘米

因其穗酷似狗尾巴，所以便被称为"狗尾草"。握紧穗，然后放开，它就会像狗尾巴一样摇晃起来，所以"狗尾巴草"这个别称确实是再合适不过了。狗尾草是谷子的祖先。牛喜欢吃它的茎叶，而鸟喜欢吃它的种子。它也可以被人类食用，灾荒的时候人们曾将它碾碎用来做主食或糕点。

即使狗尾草的种子全部掉光，穗也会依然保持原来的样子，所以在寒冬之际，我们常常可以看到黄色的狗尾草。

金色狗尾草
在阳光的照耀下，它的穗会闪烁金色的光。

狗尾草
在风中摇曳的样子酷似小狗可爱的尾巴。
6月9日

狼尾草

狗尾草

狼尾草虽然与狗尾草很像，但是狼尾草的穗更大，而且狼尾草的芒很硬，像硬毛刷一样。

握紧穗，然后放开，它就会晃晃悠悠地离开手掌。

将穗劈成两半，放在鼻子下面，就像长了胡须一样。

马唐非常易活，即使被锄掉也会迅速再长出来。在夏天，马唐即使被镰刀割过也不会死去。正是因为这样，它在任何地方都能生长，成了遍布全世界的植物。

马唐的茎越长越长，也就意味着它的末端会离主根越来越远，这样一来就加大了运送养分的难度。于是，马唐每长出一节，都会长出新根，继续吸收养分。正因为马唐每一节都有根，所以即使将它从中间切断，它也不会死去，还会继续生长。

马唐

Finger grass

种类：禾本科一年生草本植物
花期：7～9月抽穗、开花
高度：30～70厘米

牛筋草
与马唐长得很像，但是穗比马唐的更厚实，也更坚韧。

马唐
通常，马唐的3~8个穗会像雨伞的伞骨一样撑开。
7月27日

马唐的茎越长越长。每节又会长出新根，不断地蔓延伸展。

将穗向下弯成圆形，绑好固定，就会变成一把"草伞"。
这把"草伞"也能像雨伞一样展开、闭合呢。

15

鸭跖草

zhí

Dayflower

别称：竹叶菜、鸡冠菜
种类：鸭跖草科一年生草本植物
花期：夏季，蓝色的花由开转谢
高度：15 ~ 50 厘米

据说这种草经常长在鸡场的旁边，所以也被称为"鸡场草"。其他的植物因为鸡粪毒性太大而无法正常生长，鸭跖草却能长得很好。即使将鸭跖草拔起来放在一旁，它也能长时间不枯萎，这是因为它的茎叶中存有充足的水分。

以前人们会用鸭跖草蓝色的花瓣染布，在白色的纸或者手绢上揉搓鸭跖野花瓣，花汁便会将纸或手绢染成天蓝色。

鸭跖草的花共有三片花瓣，两片蓝色，一片白色。

7月15日

鸭跖草的花瓣不会凋落，会慢慢萎缩退化。

打开鸭跖草的花萼一看，子房和萎缩的花瓣凑在一起，酷似一只正在坐着的鸭子。

因为葎草的叶子与大麻的很像，所以又被韩国人称为"环麻藤蔓"。用手触摸葎草的茎或叶子，会有刺痒的感觉。若是皮肤不经意蹭到它的小刺，则会有一种被针扎的痛感。在农村经常能看到葎草，城市里堆放垃圾的地方或者脏兮兮的小河边也能看到它茂盛生长的身影。很多昆虫和小鸟喜欢藏身于葎草丛中。

葎草可以入药，在健胃、利尿、止咳方面有很强的药用价值。

葎草

Japanese hop

别称：蛇割藤、割人藤、五爪龙
种类：大麻科一年生草本植物
花期：夏天，雌花和雄花异株开放
长度：约能生长至 5 米

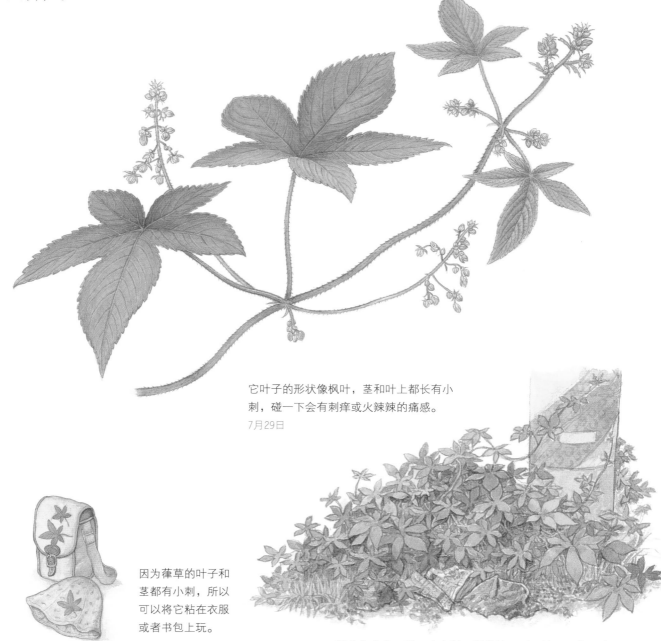

它叶子的形状像枫叶，茎和叶上都长有小刺，碰一下会有刺痒或火辣辣的痛感。
7月29日

因为葎草的叶子和茎都有小刺，所以可以将它粘在衣服或者书包上玩。

葎草像藤蔓一样飞速生长，很快就可以覆盖周围的土地。

皱叶酸模

Curled dock

别称：羊蹄叶、牛舌片
种类：蓼（liǎo）科多年生草本植物
花期：初夏时开放
高度：30～80厘米

皱叶酸模多喜欢生长在小河边、水沟边等潮湿的地方。风一吹，累累果实会相互碰撞发出声音。掰开皱叶酸模的叶子和茎，会流出滑滑的液体。皱叶酸模可以食用，在开水中焯一下然后加调料拌一拌，味道与菠菜类似。

皱叶酸模有很强的繁殖能力，一般植物的种子浸泡在水中会腐烂，不会发芽，但是皱叶酸模的种子即使在水中也能发芽，不会腐烂。这样的皱叶酸模是不是很厉害呢？

早春，蓼蓝齿胫叶甲出现，啃食皱叶酸模的叶子。

心形果实成串地挂着，成熟后呈褐色。
6月16日

皱叶酸模花
6~7月青绿色花朵盛开。

这是一种名字很奇怪的草。由于果实长在像肚脐眼儿一样凹下去的位置，所以在韩国又有"媳妇肚脐"这样一个十分有趣的名字。杠板归的果实先由青色变成紫色，成熟后则会变成蓝色，有光泽。

杠板归是藤蔓植物，茎上长有钩子一样的刺，很容易附着其他物体向上生长。不仅是茎部，杠板归就连叶柄上都有锋利的刺，只是轻轻一擦，人的皮肤就会变红，有痒的感觉。叶子呈三角形，吃一口会尝到酸味。与杠板归类似的植物还有刺蓼。

杠板归

Asiatic tearthumb

别称：河白草、贯叶蓼
种类：蓼科一年生草本植物
花期：夏天青绿色的花朵盛开
长度：可蔓延至 1 ~ 2 米

杠板归

由于果实长在像肚脐眼一样凹下去的位置，所以又被称为"媳妇肚脐"。

刺蓼

与杠板归不同，刺蓼的花是粉红色或白色的，成熟后果实呈黑色。

藜

Goosefoot

别称：灰灰菜
种类：藜科一年生草本植物
花期：夏季开黄绿色的花
高度：30 ～ 200 厘米

　　藜多长在田野或者空地上，高度可能会超过一个成年人的身高。在生长过程中，茎部会变得又粗又硬，放在盐水里煮一煮，会变得像树木一样结实，加上十分轻便，所以茎部用来做拐杖再合适不过了。

　　藜的嫩叶可以食用，但是到了夏天，藜可就变成了杂草，加上它长得非常快，必然会挡住阳光，阻碍农田里其他作物的生长。所以，农民只要一见到它就一定会拔掉。

叶柄底端与茎的交汇处，有小绿花聚在一起开放，样子很像菠菜花。

5月27日

藜的英文名字是"goosefoot"，意思是鹅掌。
因为叶子的形状酷似鹅掌，因此它便有了这样一个名字。

长得好的话，藜的高度可以超过2米。

马齿苋是一种农田中的杂草。因为味道很像苋菜（一种可以凉拌食用的野菜），所以它的名字中带了"苋"字。即使被锄掉扔在一边，马齿苋也不会轻易枯萎，因为粗茎及叶子中储存的水分可以让它继续存活很长时间。

它的叶子酷似马的前齿，所以得名"马齿苋"。又因其种子是黑色的、叶子是绿色的、茎是红色的、花是黄色的、根是白色的，分别为水、木、火、土、金这五种元素的代表色，所以也常被人称为"五行草"。

马齿苋

xiàn

Common purslane

别称：五行草、长命菜、马苋
种类：马齿苋科一年生草本植物
花期：从晚春开到盛夏
高度：15 ~ 30 厘米

茎是红色的，很粗。
开黄色的小花。
6月10日

马齿苋的果实
果实成熟后会自然裂开，里面装有满满的黑色种子。

马齿苋常见于田地或空地，植株相互依附着生长。

21

繁缕

Chickweed

别称：鹅肠菜、鹅耳伸筋、鸡儿肠
种类：石竹科两年生草本植物
花期：从早春到盛夏
高度：10～20厘米

因为花朵的样子像星星，所以在韩国被称为"星星草"。其实，繁缕花萼的样子也很像星星，每朵花有五片花瓣，但是花瓣陷得很深，便与花萼结合在一起，看起来像是有10片花瓣。为什么会这样呢？答案是为了吸引昆虫。

繁缕开花时，一般是向上开放，但神奇的是，一旦蜜蜂或其他昆虫完成传粉授粉，繁缕便会耷拉脑袋向下开花。这样就为其他花朵让出空间。不过，一旦繁缕的种子成熟，它又会重新抬起"头"来，以便让种子传播得更远。

繁缕在地上爬行生长。
虽然花朵很小，不易被人觉察，但它是很常见的植物。
3月17日

繁缕
花柱3枚

牛繁缕
花柱5枚

牛繁缕

繁缕

繁缕和牛繁缕很像。
牛繁缕比繁缕的植株更大，叶子也更大。

因为花朵酷似古代男子头上戴的遮阳斗笠，所以在韩国被称为"斗笠花"。又因它酷似竹子，所以中文名为"石竹"。若是仅看石竹的茎部和叶子，真的就像是一小棵竹子。由于花朵非常漂亮，石竹也经常被栽种在花园里。

石竹花花朵中央的深色花纹有非常重要的作用，它是在呼唤昆虫："快来这里啊，这里有花蜜。"花朵长出这种花纹的目的就是吸引昆虫为它们传粉授粉。

石竹

China pink

别称：洛阳花、石菊、绣竹、香石竹
种类：石竹科多年生草本植物
花期：盛夏开深粉红色的花
高度：30 厘米左右

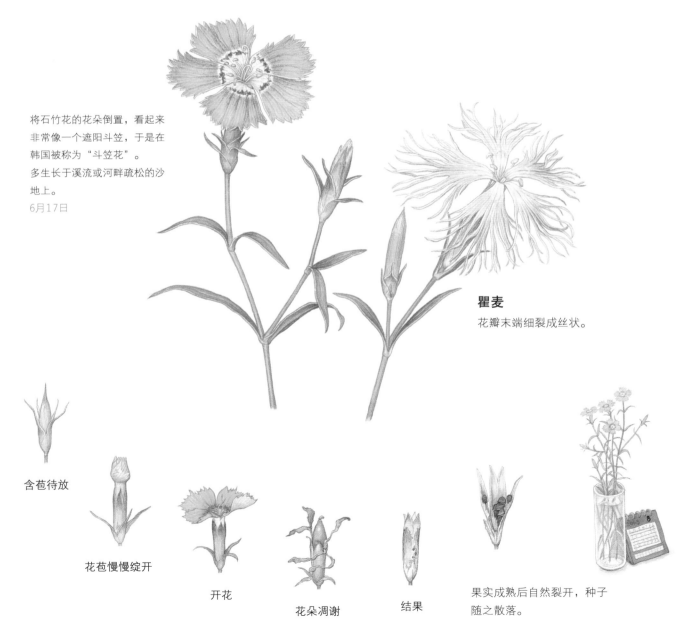

将石竹花的花朵倒置，看起来非常像一个遮阳斗笠，于是在韩国被称为"斗笠花"。
多生长于溪流或河畔疏松的沙地上。
6月17日

瞿麦
花瓣末端细裂成丝状。

含苞待放

花苞慢慢绽开

开花

花朵凋谢

结果

果实成熟后自然裂开，种子随之散落。

朝鲜
白头翁

Pasqueflower

别称：毛姑朵花、白头翁
种类：毛茛科多年生草本植物
花期：3~4 个月
高度：25 ~ 40 厘米

朝鲜白头翁像驼背的老奶奶一样弯着腰开花。它多生长于墓地旁、向阳的江边以及山坡上。朝鲜白头翁在花朵盛开之后就会低下"头"，这样做的目的是防止花蕊被雨水打湿。花朵凋谢以后，雌蕊会抽出长长的白色绒毛，特别像老奶奶的白头发。

朝鲜白头翁可以入药，若把它投入旧式的厕所，厕所里都不会生蛆虫。

掰开花瓣，里面长满了密密的白色绒毛。
4月15日

花朵凋谢时，花瓣会逐渐萎缩，白头翁也抬起"头"来向上生长。

雌蕊继续生长，花瓣张开。

雌蕊像头发一样变长。

最后变成白色绒毛，很轻。

它们带着种子，乘着风，飞向远方。

将白屈菜的根部切断，会流出黄灿灿的液体，像刚出生的宝宝拉的便便，所以在韩国被称为"孩子屎草"。白屈菜的汁液有毒，不能食用。牛从来不吃白屈菜，大概是它知道这种植物有毒吧。据说，将白屈菜的汁液涂在虫子叮咬的地方，可以很快消除红肿。

白屈菜的花有些像白菜花，但是比白菜花更大，花朵中央卷卷的雌蕊非常显眼。白屈菜的茎纤细却坚韧，所以白屈菜在韩国也常被称为"喜鹊腿"。白屈菜的叶子上长有白毛。

白屈菜

Asian celandine

别称：黄汤子、地黄连、断肠草
种类：罂粟科二年生草本植物
花期：从晚春开到盛夏
高度：30 ~ 80 厘米

白屈菜的花像白菜花，叶子像艾草叶。
白屈菜有毒，不能食用。

4月28日

折一下白屈菜，茎部就会流出黄灿灿的液体，像是刚被挤出的黄色颜料。

白屈菜非常常见，从春天到初秋都能茂盛地生长。

蛇莓

Indian strawberry

别称：地莓、蚕莓、长蛇泡
种类：蔷薇科多年生草本植物
花期：从春季开到夏季
高度：10～20厘米

因多生长于蛇经常出没的地方，而且其根部也像蛇一样在地上匍匐生长，所以被称为"蛇莓"。此外，因茎部接触地面后每一节都会生出新根，大面积生长，仿佛要将地面铺满一般，所以又被称为"地莓"。

蛇莓开黄灿灿的小花，十分可爱。等果子成熟变成红色之后，就更可爱了。蛇莓的果实看起来好像很好吃的样子，但其实并没有什么味道，不甜、水分多、果肉不紧实，吃多了还会肚子疼。所以只要尝尝味道就可以了，千万不要多吃。

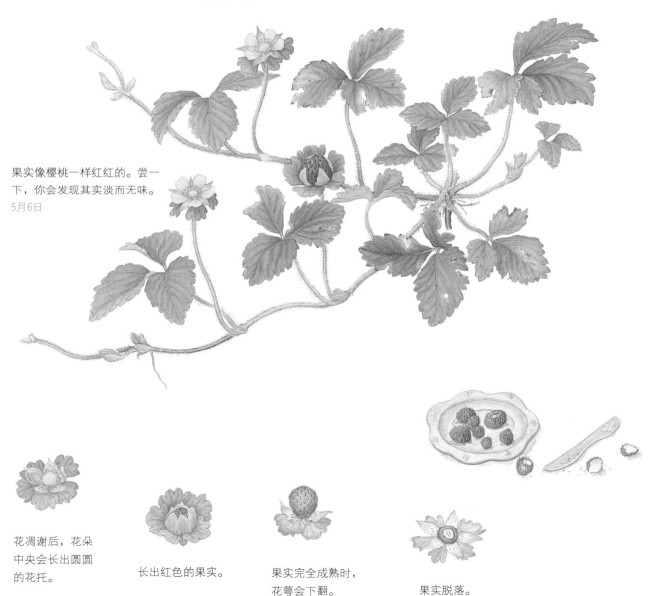

果实像樱桃一样红红的。尝一下，你会发现其实淡而无味。
5月6日

花凋谢后，花朵中央会长出圆圆的花托。

长出红色的果实。

果实完全成熟时，花萼会下翻。

果实脱落。

委陵菜多长在向阳的地方，所以在韩国被称为"阳面菜"。春寒料峭之际，看到委陵菜迎着冷风开花，着实令人佩服。因为委陵菜刚开花的时候天气还很冷，所以很难看到昆虫。只有大蜂虻会在委陵菜刚开花时出现，不过等天气转暖以后就再难见到它了。

委陵菜的叶子很多，靠近顶端的三片叶子较大，其余的叶子则比较小。花朵与蛇莓花相似。

委陵菜

Cinquefoil

别称：翻白草、白头翁、蛤蟆草、天青地白

种类：蔷薇科多年生草本植物

花期：3~7月盛开黄色的花

高度：30 ~ 50 厘米

委陵菜多长在向阳的地方，所以在韩国被称为"阳面菜"。
花叶由3~13片小叶子组成。
4月17日

与委陵菜相似的植物

蛇含委陵菜

叶由5片小叶子组成。

蛇莓

叶由3片小叶子组成。

盛夏时，委陵菜生长得很茂盛，植株变得很高。

地榆

Burnet

别称：黄瓜香、山地瓜、猪人参、血箭草

种类：蔷薇科多年生草本植物

花期：从夏季开到初秋

高度：30～150厘米

因为叶子上有黄瓜的味道，所以在韩国被称为"黄瓜草"。搓搓叶子闻一下，气味十分清爽，有点像香瓜和西瓜的香气。小朋友们经常会拿地榆玩一种游戏，摘一片地榆叶子放在手上，一边拍打一边说："黄瓜的味道快出来，西瓜的味道快出来。"很有趣吧？

地榆的花聚积在茎部顶端，小花们好像背靠背贴在一起，一团一团的，像小型的棒棒糖。这些小花并不是一起开放的，而是依次从花序顶端向下开放。叶子开始时呈闭合状态，随着生长会慢慢张开。

地榆的花聚积在茎部顶端，像一个个小型的棒棒糖。

8月16日

小白花地榆

多生长于潮湿的地方。开白花。

细叶地榆

生长在高山上。开紫花。紫色的花在茎部顶端抱团盛开。

地榆叶子上挂有露珠一样的水滴，这是从根部运送过来的水分到达叶片的气孔后出现的现象。

叶子形似铁耙，所以在韩国被称为"铁耙花"。救荒野豌豆的叶子和花朵中都含有蜜腺。仔细看叶片的底部，会发现黑点，这个就是蜜腺了。正因为如此，救荒野豌豆上的蚂蚁很多，它们会赶走其他昆虫，同时也将蜜吃掉。

即使在贫瘠干旱的土地上，救荒野豌豆也会茂盛地生长，而且会在其他草生长的缝隙中生根发芽。成群生长的救荒野豌豆会在春末之际瞬间消失，但来年春天，它们又会重新绽放光彩。

救荒野豌豆

Vetch

别称：大巢菜、野豌豆
种类：豆科二年生草本植物
花期：5月开花
长度：60～150厘米

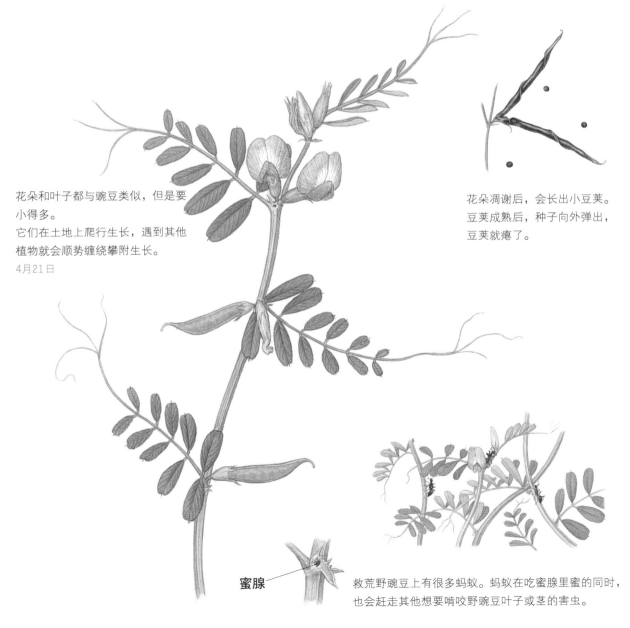

花朵和叶子都与豌豆类似，但是要小得多。
它们在土地上爬行生长，遇到其他植物就会顺势缠绕攀附生长。
4月21日

花朵凋谢后，会长出小豆荚。豆荚成熟后，种子向外弹出，豆荚就瘪了。

蜜腺

救荒野豌豆上有很多蚂蚁。蚂蚁在吃蜜腺里蜜的同时，也会赶走其他想要啃咬野豌豆叶子或茎的害虫。

野大豆

Wild soybean

别称：野毛豆、柴豆、野黄豆、山黄豆

种类：豆科一年生草本植物

花期：7~8月盛开浅紫色的花

长度：藤蔓可达2米

野大豆是一种非常小的豆子，比红豆都小。待其成熟后，咬一下野大豆的种子，会发现它其实很结实且饱满。在韩国有一句俗语："像野大豆一样精悍。"这句话要表达的意思是：看起来个子小的人其实精明又能干。野大豆的花朵像火柴头一样，花柄也非常细。

野大豆是我们现在吃的大豆的祖先。野大豆的叶子和花都与大豆的很像，它也像大豆一样是可食用的。野大豆属于野草，不需要刻意栽培就能生长繁殖。

藤蔓可以延伸到很远的地方。

夏天盛开浅紫色的小花。

8月16日

鸟和老鼠很喜欢吃野大豆的种子，人类也可以食用。

与大豆相比，野大豆更小更结实。

野大豆的茎缠绕其他物体攀援生长。

它们成群开放，远远望去仿佛紫色的云彩一般，所以被称为"紫云英"。紫云英多生长在温暖的南方，秋天萌芽，与严寒抗争，待春意渐浓，就会开放软软的紫花。

紫云英的根部长有根瘤，根瘤可以自己制造肥料。因此在水田里栽种紫云英，在水稻播种前进行翻耕，也是为水田施肥的一种方式。作为蜜源植物，紫云英含有花蜜，在紫云英盛开的水田中放置蜂箱，可以收获蜂蜜。

紫云英

Milk vetch

别称：翘摇、红花草、草子
种类：豆科二年生草本植物
花期：4~5月华丽绽放
高度：10 ~ 25 厘米

紫云英的果实
每个豆荚中含有2~5粒种子。
成熟时会变为黑色。

紫云英的根
豆科植物的根部常常附着生长圆圆的"土粒"，这些"土粒"叫作"根瘤"。

春天软软的紫花盛开。
喜生长于南方。
4月28日

白车轴草

Clover

别称：三叶草
种类：豆科多年生草本植物
花期：从晚春开到盛夏
高度：15 ~ 25 厘米

因为兔子很喜欢吃这种草，所以在韩国被称为"兔子草"，也叫"三叶草"。白车轴草多生长于田野或者路边，但其实这种草并不是原产于亚洲，据说是因饲养家畜的需要而从欧洲引入的。除了兔子以外，牛也很喜欢吃这种草。白车轴草生长能力特别强，一旦蔓延开来，会立刻覆盖整片区域。

白车轴草的叶子有三片，偶尔会出现四片，象征着幸运，深受人们喜爱。若深究起来，出现四片叶子的原因其实是基因突变。

小花密密麻麻地聚集成球，形成花团。
5月6日

白车轴野花梗长且细软，可以用来编花戒指和花手环。

四叶草

酢浆草在韩国也叫"猫草"，猫咪原本不吃草，但是在消化不好或肚子疼的时候会吃酢浆草，因为酢浆草中含有帮助消化的成分。

酢浆草的叶子里含有"草酸"，所以味道有点儿酸酸的。当桃花盛开之际，将桃花和酢浆草的叶子混在一起捣碎，放在指甲上，就可以为指甲染上很漂亮的颜色。酢浆草的花很漂亮，叶子也很漂亮，连果实都像蜡烛一样很可爱呢。

cù
酢浆草

Oxalis

别称：酸浆草、酸酸草、斑鸠酸、三叶酸、酸咪咪

种类：酢浆草科多年生草本植物

花期：从晚春开到初秋

高度：10～30厘米

酢浆草的叶子与白车轴草类似，是心形的。
每个花茎上都有一朵黄花开放。

8月17日

酢浆草的果实
果实炸开时，种子会散布到很远的地方。

阴天或晚上，酢浆草的叶子会向下闭合，仿佛是在睡觉一样，这被称为"睡眠现象"。

早开堇菜
jǐn

Violet

别称：光瓣堇菜、早花地丁
种类：堇菜科多年生草本植物
花期：春季开放
高度：5 ～ 20 厘米

　　因为在蝴蝶出现的春季开花，所以在韩国它被称为"蝴蝶花"。山、田野、家附近都可以看到早开堇菜的身影。早开堇菜还有很多有趣的名字：因为可以通过拉扯它玩比手劲儿的游戏，所以被称为"比手劲儿花""将帅花"；因为植株矮小，所以又被称为"小鸭子花""瘫子花"；存有蜜的花距的样子类似贼寇的发型，所以还被称为"贼寇花"。

　　早开堇菜的果实成熟之后，荚会崩裂，里面的种子会被弹到很远的地方。若是将堇菜的果实放在酸奶瓶中，就能听到崩裂后种子弹出去的声音。

从早春开始，盛开紫色的花。
植株很小。
3月30日

花朵凋谢后会结果实。

原来低垂着的"头"逐渐抬起。

果实分别向三个方向裂开。

随着豆荚裂开，里面的种子会一个接一个地弹出去。
种子全部弹出去需要将近两个小时的时间。

堇菜是一个大家庭，除紫色外，花还有其他多种颜色。

因为花朵常在月亮升起之际开放，所以被称为"月见草"。月见草的花在傍晚开放，清晨时逐渐变红，随之枯萎。因为是在晚上开放，飞蛾和天牛等夜间活动的昆虫可以帮助它传播花粉。月见草的花粉很黏稠，很容易粘在昆虫的身体上。

授粉后，花朵会掉落，然后，像芝麻秆一样的茎上就会长满芝麻一样的果实。用月见草种子榨的油可以入药，也可以用来制作肥皂。

月见草

Evening primrose

别称：待霄草、山芝麻、野芝麻
种类：柳叶菜科二年生草本植物
花期：夏季开放
高度：50 ~ 90 厘米

月见草的花于傍晚开放，第二天早上太阳升起时凋谢。阴天时，月见草的花在白天也会开放。
9月8日

月见草的果实
晚秋时，月见草的果实会裂为四瓣，种子随之播散出去。

月见草在地面蔓延生长，靠幼苗过冬，春季开始生长。

萝藦

Milkweed

别称：芄兰、斫合子、白环藤、羊婆奶、
婆婆针落线包、羊角、天浆壳
种类：萝藦科多年生草本植物
花期：夏季开花
长度：藤蔓约 2 ~ 3 厘米

　　萝藦的果实类似瓢，成熟后会裂为两半。萝藦的芽像蕨菜一样胖鼓鼓地向上生长。夏季来临，大大小小酷似海星的小花竞相开放。花朵长有毛，看起来就更可爱了。掰开萝藦的叶子或茎，会流出白色的液体，据说这种液体可以帮助消除长在手上的瘊子。

　　萝藦的嫩果可以连皮一起食用，吃起来香且软，但是萝藦成熟的果实含有毒性，不能食用。

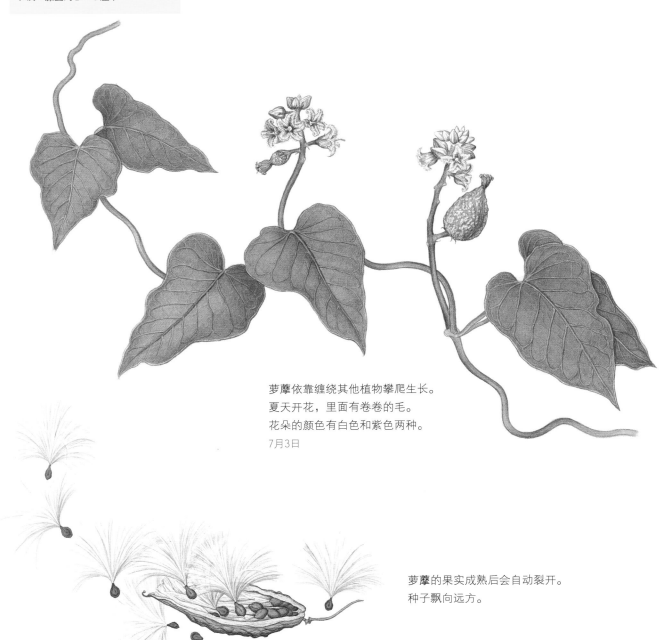

萝藦依靠缠绕其他植物攀爬生长。
夏天开花，里面有卷卷的毛。
花朵的颜色有白色和紫色两种。
7月3日

萝藦的果实成熟后会自动裂开。
种子飘向远方。

旋花和喇叭花非常相似，但是与喇叭花相比还是有不同之处。喇叭花有很多颜色，如红色、蓝色、紫色等，但旋花却只有浅粉色一种颜色。花朵开放的时间也不同。喇叭花清晨开放，下午枯萎，而旋花则是在白天开放，傍晚枯萎。

旋花的叶子像火箭一样，虽然是藤蔓植物，但却没有卷须，茎弯弯曲曲的，靠攀附其他物体生长。

旋花

Bindweed

别称：面根藤、包颈草、野苕、饭豆藤、
饭藤子、鼓子花等

种类：旋花科多年生草本植物

花期：夏季开花

夏天，漏斗模样的浅粉色花盛开。
旋花属于需要攀附其他物体生长的
藤蔓植物。
8月17日

细白的部分是旋花的根茎。
根茎煮烤后，有地瓜的味道。

打碗花的花朵

打碗花比旋花更常见，它
的花朵更小，叶子的样子
也与旋花不同。

附地菜

Korean
forget-me-not

别称：鸡肠、地胡椒
种类：紫草科二年生草本植物
花期：从早春开到初夏
高度：20～40厘米

附地菜是一种非常小的花。花序顶端呈旋卷状，卷在一起盛开，所以在韩国被称为"卷花"。附地菜很常见，它已经开放的花朵是天蓝色的，但花蕾却是浅粉色，十分神奇。附地菜的花蕾实在是太小了，看上去就只是一个点而已，就算是花朵完全开放，也因为太小而让人怀疑它到底是不是一朵花。你若愿意蹲下来仔细观察，就会发现附地菜的花真的十分漂亮。

附地菜初春就开花了，因为它希望能在其他植物茂盛生长前提前开花结果。

植株大约20～40厘米高。
花朵也非常小。
4月3日

附地菜贴在地上过冬。

初春花朵盛开的附地菜。

夏枯草喜欢生长在向阳的地方。因为花朵中含有很多花蜜，所以在韩国被称为"花蜜草"。拔下花朵吸其汁液，能尝到甜味。因为夏枯草野花蜜很多，所以会吸引很多蝴蝶和蜜蜂。夏枯草大约能长到跟成年人的一个手掌一样长，花朵的样子很像球棒，所以常被人称为"花蜜棒"。

夏枯草的叶子有的边缘平缓，有的则有短齿。嫩芽可食用，但煮熟后，嫩芽会变成茄子似的紫色。于是，夏枯草又常被人称为"茄子野菜"。

夏枯草

Selfheal

别称：蜂窝草、麦穗夏枯草、铁线夏枯草
种类：唇形科多年生草本植物
花期：从晚春开到夏季
高度：15 ~ 30 厘米

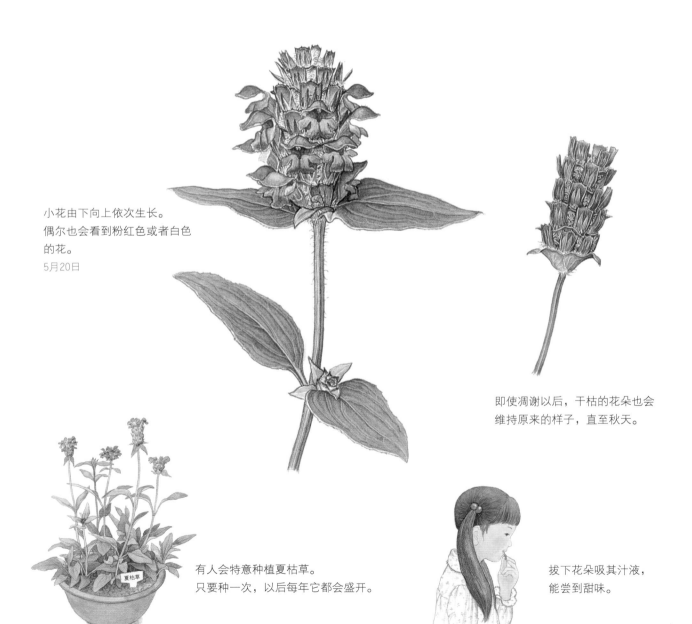

小花由下向上依次生长。
偶尔也会看到粉红色或者白色的花。
5月20日

即使凋谢以后，干枯的花朵也会维持原来的样子，直至秋天。

有人会特意种植夏枯草。
只要种一次，以后每年它都会盛开。

拔下花朵吸其汁液，能尝到甜味。

龙葵

Poisonberry

别称：野辣椒、野葡萄

种类：茄科一年生草本植物

花期：夏季盛开

高度：30 ～ 60 厘米

光溜溜的黑色果实酷似僧人的脑袋，所以这种植物在韩国被称为"黑僧人"。龙葵花与辣椒花很像，但是比辣椒花小得多。花朵的颜色有白色也有紫色。

龙葵的果实呈紫黑色的时候就可以吃了，但是不能多吃，因为龙葵中含有叫作"龙葵碱"的毒素，这种毒素也同样存在于未成熟的西红柿和土豆芽里。不过，据说食用少量龙葵在消炎、强心、化解放射性元素中毒等方面会有很大帮助。

夏天白色的小花盛开。
偶尔能看到浅紫色的花。

将龙葵的果实放在白手绢上挤破，
手绢会被染成紫色。

龙葵的果实像珠子一样，变成黑紫色时意味着成熟了。尝一下，淡而无味。

10月7日

阿拉伯婆婆纳开花后，看起来像是在地上洒满了蓝色的星星。下午三四点时，许多阿拉伯婆婆纳的花会掉落在地上，俯拾即是。阴天时，阿拉伯婆婆纳的花不会盛开，花瓣卷缩在一起，之后就直接落到地面上了。虽然阿拉伯婆婆纳的花朵看上去好像有四片花瓣，但是它属于合瓣花，即落花时，整个花朵一起掉落。

阿拉伯婆婆纳

Field speedwell

别称：波斯婆婆纳、肾子草
种类：玄参科二年生草本植物
花期：从春天开到初夏
高度：10～30厘米

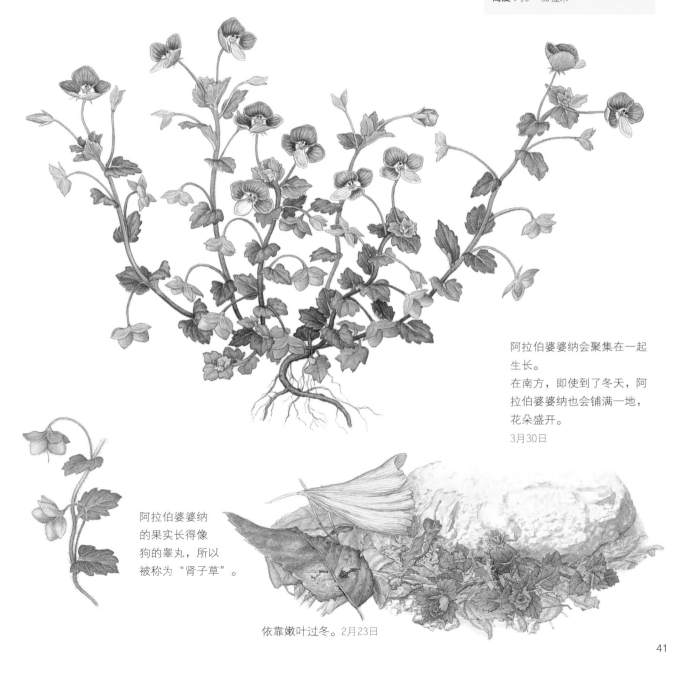

阿拉伯婆婆纳会聚集在一起生长。
在南方，即使到了冬天，阿拉伯婆婆纳也会铺满一地，花朵盛开。
3月30日

阿拉伯婆婆纳的果实长得像狗的睾丸，所以被称为"肾子草"。

依靠嫩叶过冬。2月23日

车前

Plantain

别称：牛舌草、车轱辘菜
种类：车前科多年生草本植物
花期：从春季开到夏季
高度：10 ~ 50 厘米

因为命硬，所以在韩国被称为"命硬草"。说车前命硬也是有原因的。它的叶子和叶柄中有坚韧的纤维质，所以即使被踩踏或者按压，它都会继续生长，不会死亡。车前的叶子可以做菜吃，根部缠绕的部分叫"车前草"，种子叫"车前子"，二者都可以入药。

将车前的花轴交错，可以玩很有意思的拉扯比手劲儿的游戏；也可以将根部拔出，玩踢毽子的游戏，踢起来的感觉与在商店里买的毽子完全不同。

车前的花朵不好看。
车前主要依靠粘在人们的鞋子上，或者雨水的冲刷来传播种子。
3月30日

车前拉扯比赛
两人同时拉扯车前的花轴，先断的一方就输了。

在人和车都很多的路上，车前也可以很好地生长。

蓟开花时非常赏心悦目。流血时将蓟捣碎涂在伤口上，可以帮助止血。在春季，蓟可以用来做菜。因为它长有小刺，所以在韩国常被人称为"刺菜"。蓟的叶子呈羽毛状向外裂开，末端长有锋利的小刺。

蓟花由 100 ~ 200 个小花集合在一起盛开，像一根根小短棒。昆虫飞来采蜜，一旦碰触到花朵的雄蕊，管子一样的雄蕊就会瞬间喷出白色的花粉，这样，昆虫的身体上就会沾满花粉，帮助传粉。

ji
蓟

Thistle

别称：大蓟、刺蓟菜
种类：菊科多年生草本植物
花期：从晚春开到夏季
高度：50 ~ 100 厘米

蓟的叶片边缘长有小刺，皮肤碰触到会火辣辣地疼。

花朵凋谢。

小花变成种子。

种子全都成熟了。

随风飘向远方。

紫菀
wǎn

Aster

别称：青菀、返魂草、山白菜
种类：菊科多年生草本植物
花期：从夏季开到秋季
高度：30 ~ 100 厘米

紫菀是一种在秋季很常见的植物。随风轻轻摇摆的紫色花朵极其惹人喜爱。紫菀在韩国常被称为"野菊花"，但其实野菊花在韩国并不单指一种花。

你觉得人们容易将紫菀与其他花朵混淆吗？简单来说，开紫色花的是紫菀，开白色或者粉色花的是木茼蒿，开蓝紫色花的是翠菊。紫菀无论在山地还是田野，都可以很好地生长。将紫菀的嫩芽放在水中焯一下，可以食用。

秋季浅紫色的花朵盛开。
因为紫菀茎部无法完全承担花朵的重量，所以经常会向旁边倾斜歪倒。
9月24日

各种各样的野菊花

甘菊
味道很好闻。
晾干后可以用来制作菊花茶。

山菊
比起甘菊，花朵更小一些。

木茼蒿
开白色或粉色的花朵。

翠菊
花朵大，颜色呈蓝紫色。
经常被栽种在花园里。

44

一年蓬的花朵特别像煎好的鸡蛋，所以在韩国有了"煎鸡蛋花"这个别名。小朋友玩过家家的时候，采一朵一年蓬，真的就像煎了一个鸡蛋呢。不过因为它的生命力特别顽强，一旦生长在农田里，会给农作物的正常生长带来很大的麻烦，所以在韩国又被称为"狗草"。

一年蓬源自北美洲，它的一朵花中实际包含了无数朵小花，因此一年蓬的种子很多。一年蓬经常生长于长期不耕种的荒地或者城市的空地及废墟里。

一年蓬

Fleabane

别称：千层塔、治疟草、野蒿
种类：菊科二年生草本植物
花期：从晚春开到初秋
高度：30～100厘米

一年蓬的花朵像极了煎鸡蛋。
6月3日

小蓬草

与一年蓬很像，但是花朵要小得多。
因为花朵细小，所以在韩国被称为"小花草"。

菊芋

Sunchoke

别称：五星草、洋姜
种类：菊科多年生草本植物
花期：从盛夏开到秋季
高度：1.5～3米

　　菊芋的花叶与芋头的花叶无一丝相似之处，但是若挖出菊芋的根，能发现跟芋头相似的东西。因为猪非常喜欢吃它，菊芋便有了别称"猪芋头"。菊芋的地下茎长粗后会产生块茎，而块茎的样子很像圆圆的芋头。

　　人们经常种植菊芋，用作猪的食物。菊芋的花非常漂亮，而且它每年都会开花。

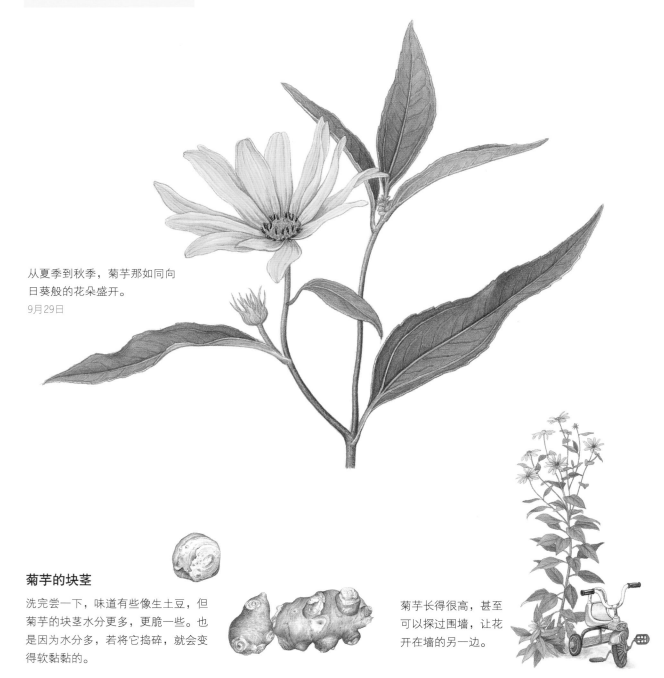

从夏季到秋季，菊芋那如同向日葵般的花朵盛开。

9月29日

菊芋的块茎

洗完尝一下，味道有些像生土豆，但菊芋的块茎水分更多，更脆一些。也是因为水分多，若将它捣碎，就会变得软黏黏的。

菊芋长得很高，甚至可以探过围墙，让花开在墙的另一边。

苍耳的果实非常可爱，像一个个小橄榄球，但容易粘在衣服上，所以可以用它来玩"扔苍耳"的游戏。苍耳之所以容易粘在衣服以及动物的毛上，是因为苍耳果实有很多钩子一样的小刺。也正是因为这样，在韩国，它才有了"衣服小偷"的别名。

剥开苍耳果实，会看到里面有两粒种子，一大一小。这其实是为了让它们在不同时期发芽，这样的话，即使遇到一些特殊情况，也可以保证至少有一粒种子可以正常生长。

苍耳

Burweed

别称：卷耳、苓耳、地葵
种类：菊科一年生草本植物
花期：从盛夏到初秋，开绿色的花
高度：15 ~ 100 厘米

苍耳花很不起眼。
8~9月开放。
9月2日

通过粘在动物身上，将种子传播出去的植物

山蚂蟥

婆婆针

牛膝

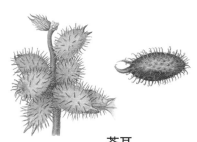

苍耳

蒲公英

Dandelion

别称：尿床草、婆婆丁
种类：菊科多年生草本植物
花期：从春天开到初夏
高度：10 ~ 25 厘米

蒲公英喜欢生长在阳光充足的地方。叶子像花的坐垫一样四散开来。开花时节，一朵朵小花宛如草地上抛撒了黄色的纽扣，可爱极了。花朵凋谢后，会变成棉花糖一样的形状，轻轻一吹，种子们便会乘着风飞到远方。被风吹走的这些种子只是普通的种子，并不是孢子。那什么是孢子呢？像蕨菜一样不开花，单独结出的种状小粒就是孢子了。

切开蒲公英的叶子和茎，会流出白色的液体，尝起来苦苦的。蒲公英整体可以入药，嫩叶可以做菜，蒲公英的根部非常长，可以泡着喝。

药用蒲公英

韩国常见的蒲公英大多是从国外引入的药用蒲公英。

4月10日

一片片花瓣变成种子。

花瓣凋零后，会长出冠毛。

土生蒲公英的总苞会托着花朵。

药用蒲公英的总苞会向下翻。

翅果菊又称山莴苣，它的个子很高，花朵很大，可以长到一个成年人的高度。比起其他莴苣，翅果菊真是要大得多。翅果菊的花梗也很大很结实。

翅果菊尝起来非常苦。因为苦，所以用翅果菊腌制咸菜有增加胃口、提高食欲的效果。初夏时，也可以采翅果菊的叶子包饭团吃。此外，因为牛和兔子非常喜欢吃莴苣类的植物，所以它在韩国也有一个别称叫"牛米饭"。

翅果菊

Indian lettuce

别称：山马草、山莴苣
种类：菊科二年生草本植物
花期：从夏季开到秋季
高度：100～150厘米

翅果菊的花是浅黄色的。
9月26日

切开翅果菊的叶子和茎，会流出白色的液体，尝一下，味道苦苦的。

翅果菊依靠种子和茎生叶过冬。根生叶在开花之际枯死。

充满野花的世界

野花是地球的皮肤。在一片光秃秃的大地上，若是生长着野花，那么这片贫瘠的土地便有了生机与活力。野花可以牢固地抓住泥土，使它免受雨水侵蚀。土壤变得湿润后，虫子就出现了，鸟儿就飞来了，动物们也会来到这里。野花可以作为动物的食物，也可以充当它们的巢穴。

❶ 三道眉草鹀啄食狗尾草的种子。它非常喜欢吃草籽。

❷ 蚯蚓和鼠妇生活在土壤中。野花的根使土壤变软，非常适合昆虫居住。

❸ 蛱蝶在葎草叶上产卵。
　蛱蝶幼虫靠吃葎草叶生长。

❹ 夏天，巢鼠用草茎编造巢穴产仔。

野花的种子

野花的种子通常都很多。据说狗尾草的种子超过一万粒，藜菜的种子超过七万粒。因为种子小而轻，所以可以传播到很远的地方。每种野花传播种子的方式都不相同。

蒲公英的种子挂在降落伞一样的绒毛上随风传播。

萝藦的果实成熟后会自动裂开。
种子会乘风飘向远方。

马唐的茎在地面匍匐生长，同时长出新根。

野大豆　　　　　**救荒野豌豆**

救荒野豌豆和野大豆豆荚里的种子向外
弹出，豆荚变瘪。

苍耳通过粘在动物的毛或者人的衣服上传播种子。

紫花地丁（堇菜的一种）的种子上有一种
蚂蚁非常喜欢的小白粒。蚂蚁将种子搬回
家，只吃这些小白粒，然后将种子扔在外
面。这样堇菜种子就可以被传播到很远的
地方了。

与野花一起玩

去草地里玩一玩吧。单是在草地里跳来跳去就十分有趣了。四处找一找隐藏着的野花，猜猜它们的名字，一定也很好玩呢。利用野花，我们可以玩各种各样的游戏，也可以发明一些只有自己知道的新游戏。

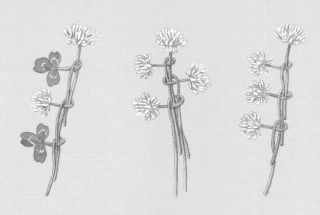

制作花项链

可以用车轴草编花发带和花项链。

蒲公英手表

将蒲公英的花轴分成两条。
系在手腕上，就变成了花手表。
绑在手指上，就变成了花戒指。

狗尾草胡子

将穗劈成两半，放在鼻子
下面，就变成了胡子。

马唐雨伞

将马唐的穗向下弯曲，一个个分开，然后绑好固定
在一起。
将固定的部位上推下拉，真的就像雨伞被打开、关
闭一样呢。

车前拉扯比赛

两人同时拉扯车前的
花轴，先断的一方就
输了。

索 引

通过拼音查找：

作者简介

文／**李永得**

童话作家兼草花指导员。
代表作有《奶奶家里》《草花朋友，你好》《口袋里的草花图鉴》。

图／**朴信映**

梨花女子大学西洋画专业。
现在一边参加工笔画活动，一边从事野花的绘画创作。
还在山林厅林园中进行过稀有植物的工笔画创作。
作品有《小朋友的工笔画草图鉴》。

读 "小小博物学家" 系列，立变博物学达人。

本系列第1辑《最美最美的博物书》

本系列第3辑《水边的自然课》

本系列第4辑《郊外的自然课》

本系列图鉴收藏版：《给孩子的自然图鉴》